理想厨房
IDEAL KITCHEN

小小的寿司
妈妈的爱

（日）驹 由＿＿著　苏昊明＿＿译

今日からできる！飾り寿司レシピ

化学工业出版社
·北京·

制作寿司的过程，能够让人体会到对于某件事最初的悸动、热爱，以及完成时想要跳起来的喜悦和满足感，就犹如完成一幅图画作品一样，美妙至极。

本书将为您详细介绍制作花式寿司的方法。要做成什么颜色，做成什么形状，全由您个人的喜好来决定。如果您不喜欢黑猫，那就做成花猫的样子；不喜欢八分音符，就用漂亮的花朵代替。只要您的灵感闪现，就能体会到制作花式寿司的无限乐趣。

即便是做出的图案歪了一点也没关系，同样不失可爱。一定不要被自己想象的困难吓到，放松心情，让我们充分地发挥想象吧。这才是制作花式寿司的最高境界！

驹由

Introd

切开寿司的瞬间，洋溢在孩子和大人脸上的笑容无比灿烂！

uction

CONTENTS

目 录

Part1

花式寿司初级篇

Part2

花式寿司中级篇

Part4

款待客人的花式寿司

Part3

快乐节假日 & 庆典的花式寿司

制作花式寿司所需要的工具

首先为您介绍制作花式寿司所需要的一些工具，以及工具的基本使用方法，要记住哦。

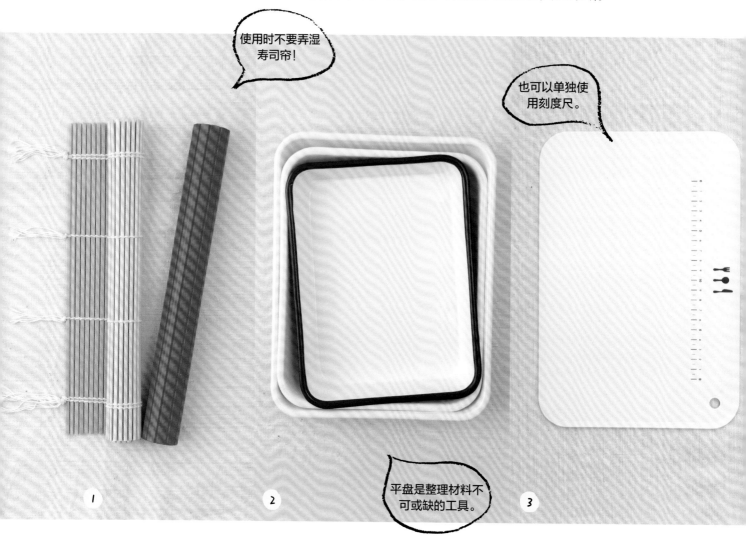

使用时不要弄湿寿司帘！

也可以单独使用刻度尺。

平盘是整理材料不可或缺的工具。

1 寿司帘

寿司帘一般用来卷粗卷寿司。使用时一定要保持寿司帘处于干燥的状态，制作的时候将寿司帘相对更绿一些的一面朝上。塑料寿司帘只要用毛巾擦一下就可以变干，使用起来也非常方便。

2 平盘

平盘是用来盛放分成小份的醋饭、备好的食材、或者是卷好的寿司小部件的。由于寿司制作过程中，有一些小部件是细长形状的，所以平盘比平常的普通盘子要更加适用。

3 带有刻度的砧板

有了这样带有刻度的砧板的话，无论在需要把配料切整齐的时候，还是根据刻度来铺平醋饭的时候都非常方便。当然如果没有，也可以用普通的砧板和刻度尺来代替。

4 小镊子

小镊子是用来处理用海苔制作的眼睛、嘴之类的小部件的。小的海苔比较容易破碎，所以用尖头的镊子处理起来会比较容易。

5 电子秤

花样寿司的醋饭有时候需要以10g、5g为单位分成小份，这个时候就需要有电子秤帮忙。通过使用电子秤精准地称量醋饭的重量，可以让寿司图案更加漂亮。

6 毛巾

湿润的毛巾不仅可以用来擦拭手和砧板，还可以在切寿司的时候擦拭刀身，让刀身变湿润。在需要擦掉粘在刀身上的饭粒时，毛巾也会是个好帮手。

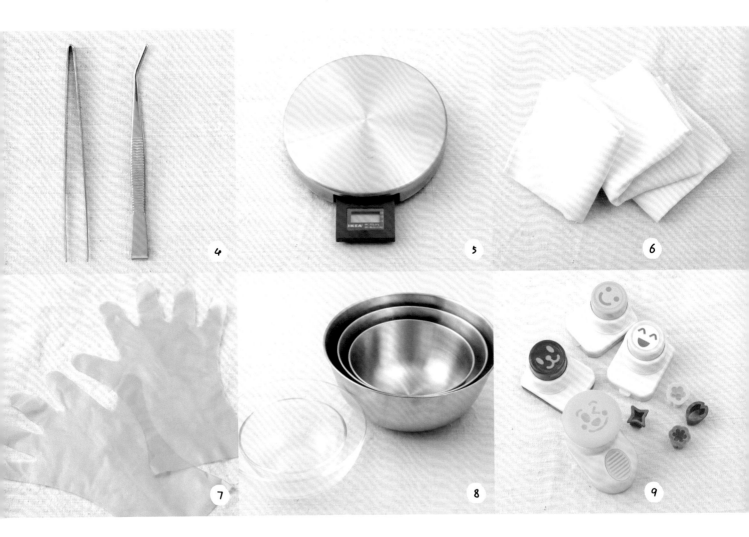

7 一次性压纹手套

如果不太会处理粘手的米饭，那推荐使用不粘饭粒的一次性压纹手套。当然如果没有手套的话，可以用手轻轻沾一下放入醋的水，然后再进行操作。

8 碗

制作寿司的过程中有时需要准备很多种带颜色的醋饭，因此需要事先多准备几个碗。尤其是制作基础醋饭时，不要忘记准备一个大号的碗。

9 海苔压花盒

在制作动物面部五官的图案时，可以使用海苔压花盒。当然，也可以用剪刀剪出各种形状。

醋饭的做法

快速地打松刚刚蒸好的米饭，然后放入寿司醋搅拌。做好后，为了不让米饭失去水分，记得要盖上湿润的毛巾，这样醋饭就完成啦！

米	水	蒸出量	寿司醋		
			醋	砂糖	盐
150g	180ml	多于300g	22.5g	9g	6g
300g	360ml	多于600g	45g	18g	12g
450g	540ml	多于900g	67.5g	27g	18g
600g	720ml	多于1200g	90g	36g	24g
750g	900ml	多于1500g	112.5g	45g	30g

1 称量寿司醋配料的重量

把碗放在电子秤上，将调料边称重量边放进碗内。这样的话，不用使用羹匙，也可以准确地称量重量。

2 打匀寿司醋

不停搅拌，一直到砂糖和盐溶化为止。

3 洒在米饭上

将刚焖好的米饭放入较大的碗或饭盒中。然后将步骤2中的醋来回均匀地撒进米饭中。

4 搅拌米饭

用木勺将米饭打散，不停搅拌，让米饭和醋混合均匀。

5 盖上湿润的毛巾

为了防止米饭水分蒸发，将湿润的毛巾盖在碗上。

不要让我干燥哦！

彩色醋饭的做法

彩色醋饭是用白米饭混合其他带颜色的食材或拌饭料制作而成的。

红色
食材：梅酱或红色的梅干等

茶色
食材：鲣鱼干、鲣鱼拌饭料等

黄色
食材：蛋皮丝（切碎）、炒鸡蛋（块不要大，要碎）、煮鸡蛋的蛋黄（切碎，或者用细筛过一下）等

绿色
食材：海苔粉＋少量的蛋黄酱、切碎的焯水后的青菜叶等

黑色
食材：黑芝麻末等

粉色
食材：寿司樱花粉、樱花鱼松粉、咸鳕鱼子、大马哈鱼肉末等

使用"彩色拌饭料"，上色更加轻松！

如果想简单地给白米饭添加颜色，那么推荐您使用通常被叫做"彩色拌饭料"的食材。颜色还包含用普通食材不容易做出的蓝色和紫色哦。

基本准备

要顺利地卷好寿司，首先就要准备好大小合适的海苔，还有分量适当的食材和醋饭。

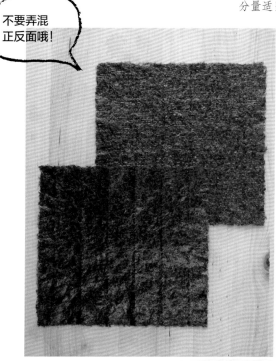

不要弄混正反面哦！

2 将醋饭分成不同分量

要制作不同图案的寿司，还会需要很多小的部件，即便是需要醋饭的量比较小，最好也要用电子秤称一下分量，这样做出的图案才会更漂亮。为了防止使用的时候产生混乱，要将醋饭按大小分开摆放。

处理长方形的海苔：将较长的边对折，快速地撕开。或者也可以用菜刀放在折痕上向下按压。还有另外一种方法，就是用剪刀剪开，但是这样比较容易剪歪，要注意哦。

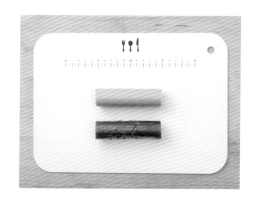

1 半枚海苔作为基础尺寸
事先准备好大小符合需要的海苔

将一枚（19cm×21cm）大小的海苔分为两半，本书中使用的海苔均以半枚海苔为一张（也可以用来制作手卷寿司）。在做寿司的时候，一般将海苔粗糙的一面朝上，然后将醋饭和材料铺在上面。因为花样寿司中的细小部分一般都是用较窄的海苔来卷的，所以事先要准备好大小合适的海苔。

3 切好食材

卷入寿司中的食材要切成和海苔同样的长度。在制作不同的图案的时候，有时会需要用刀将鱼糕、奶酪、香肠等切出不同的形状，这些准备要在卷寿司前做好。

花式寿司的卷法

制作花式寿司最经常用的就是整体卷法，
接下来还要介绍一下细卷、水滴形、四方形的卷法。

1 将醋饭做成最基本的形状，放到海苔上

先将醋饭做出一个大致的形状，之后的操作会更加顺利。如果要做三角形的话，那先将醋饭做成三角形的长条后在放在海苔上。

2 用手托起寿司帘，一边确认图案一边卷

首先从海苔没有空余的一边卷起，海苔有空余的一边一般在上面。整体卷的时候，用手托起寿司帘，在保证图案不走形的情况下卷起。

3 卷大的寿司要在放置的状态下进行

比较大的寿司、平的寿司形状容易坏，所以要把寿司帘放在砧板上卷。一边从侧面确认图案，一边将寿司帘沿着寿司的上面慢慢整理寿司的形状。

4 细卷的卷法

把醋饭做成长条放在海苔上，海苔不要留出空余，将海苔的一边和寿司帘的一边对齐，然后卷起来。卷好后，让卷好的细卷在寿司卷上来回滚动，又直又漂亮的寿司卷就做成啦。

5 水滴形的卷法

和卷细卷时一样，将醋饭均匀地铺在海苔上，不要留出空余。卷起后，再放到砧板上，然后按压寿司卷的一侧，让这一侧变尖。

6 四方形的卷法

将醋饭大致弄成四方形长条，放在海苔上，用寿司帘让海苔沿着四方形醋饭的形状卷起来。再用寿司帘调整出四方形各个角，漂亮的四方形就做成啦。

小问题答疑!

花式寿司Q & A

无论是简单的问题，还是技术上的烦恼，我们都通过Q&A来为您解答。
首先是关于孩子的问题。

Q

花式寿司看起来好难啊，
可以和孩子一起做吗？

A

当然可以！
做寿司还可以培养孩子的想象力，
可以作为大脑体操来做哦！

与其说花式寿司是料理，倒不如说是一项工作。让孩子充分发挥想象力，制作葡萄图案的时候要做几颗葡萄？枝叶的部分要怎么制作呢？怎么组合才能做出葡萄的样子？这些都可以引导孩子想象着整体的图案来做寿司。做寿司的时候，大脑和手都需要非常专注地操作，不仅培养了孩子的想象力，还可以锻炼孩子集中注意力。

怎么样才能
做出葡萄呢？

把各个图案堆
放起来……

太棒啦！

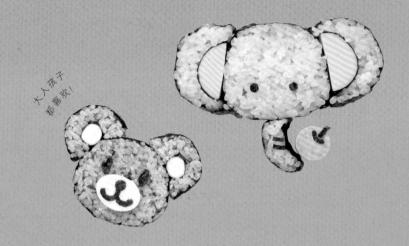

大人孩子都喜欢！

Part1
花式寿司初级篇

在这一章中，我们将为您介绍经常出现在孩子们绘画中的动物、房子、花朵等的制作方法。

虽然图案看起来似乎很难，不过做起来却很简单哦。

for beginner!

郁金香寿司

小部件的制作只需要香肠和黄瓜就可以，所以做起来非常简单！
如果出现材料比较滑不好卷起的情况，可以试着用海苔把食材卷起来再制作。

静静地绽放着。

〈大小〉
直径约 6cm

材料

鱼肉香肠（粗）⋯10cm×1 根
黄瓜（笔直的部分）⋯10cm×1 根
白色醋饭⋯190g

准备

将白色醋饭分为 100g、30g×2、10g×2、5g×2

准备海苔

半枚海苔⋯1 张
半枚海苔的 1/3⋯1 张

制作方法

1 花冠

首先制作郁金香的花冠。将香肠的上部用刀切去两条，就可以做出漂亮的郁金香形状（切除的部分不再使用）。

2 花茎和绿叶

然后用黄瓜做郁金香的花茎和花叶。将黄瓜从中间的部分切开两刀，做出两个半圆和一个长方形，用两个半圆的部分做花的绿叶，中间长方形的部分做花茎。

3 粘连海苔

在半枚海苔的边缘沾上米粒，再将1/3大小的海苔粘贴上去，做出一整张的海苔。

4 将白色醋饭平铺在海苔上

在海苔的一边预留出2cm左右的空余，将大约100g的醋饭平铺在海苔上。米饭要无缝隙、均匀地铺开，一直延伸到海苔的边缘。

5 绿叶和花茎的固定

在步骤4中平铺的米饭中间部分，摆放好黄瓜，两边摆放半圆的黄瓜做绿叶，长方形的黄瓜放在中间做花茎，在花茎的两边填入30g醋饭，这样花茎就可以立起来了。

6 放上郁金香花，两边填充醋饭

将10g的醋饭分别填入准备好的香肠的两个凹陷处，将香肠放在做好的花茎上面，两边各用10g醋饭填满，这样可以固定住花朵。

7 卷寿司

用两手捧起寿司卷帘，从没有空余的海苔一侧开始，一边注意保持花的形状，一边向海苔有空余的方向卷起。

8 整理花形

将寿司卷帘盖在卷好的寿司上面，用手轻轻按压寿司的两侧，调整图案的形状。

9 稍微放置一会儿后切开

卷好寿司后需要稍微放置一会儿，这样海苔就会和米饭结合在一起。然后用湿毛巾擦拭刀身，将寿司切成小块。切的时候可以轻轻地在海苔上划下细小的刀痕作为记号，切出来的寿司就会大小均匀、形状漂亮啦。

小鸭子寿司

先分别用海苔卷出的各个部件，然后逐个组合起来。
这都是一些最基本的方法，所以要记住哦。

鸭子尾巴
不要太尖哦！

〈大小〉
直径约 6cm

材料

胡萝卜…10cm×1 根
白色醋饭…130g
黄色醋饭…170g

准备

将 130g 白色醋饭分成 90g、30g、10g
将黄色醋饭分成 100g、70g
将胡萝卜煮熟，切成用来做鸭子嘴部的小三角形

准备海苔

半枚海苔…2 张
半枚海苔的 1/3…1 张
半枚海苔的 2/3…1 张
眼睛用海苔……适量

制作方法

1 小鸭子的头部

把70g黄色的醋饭做成长条状，然后放在准备好的2/3大小的半枚海苔中间，上面放上用来做鸭子嘴巴的胡萝卜。

2 调整小鸭子头部的形状

用海苔把步骤1做出的小鸭子的头部卷起，让鸭子嘴巴的部分突出，然后用手轻轻握住一会儿，让海苔和米饭贴合。

3 制作小鸭子的身体

将用100g黄色醋饭做成长条状，放在1张半枚海苔中间，用海苔卷起，然后用寿司帘轻轻按压，卷成半圆形。

4 调整身体的形状

将步骤3中做好的部分用手握住，让尾巴部分尖起，胸部保持圆形。

5 制作背景

在另一张半枚海苔一端粘上饭粒，然后将切成1/3的半枚海苔粘上。然后在海苔上留出大概5cm的空余，其余部分铺平90g白色醋饭。

6 摆放头部和身体

在平铺的白色醋饭中间，下层放上圆形的身体部分，再在身体上放上头部，注意头部的位置要靠前。

7 固定头部和身体

在鸭子嘴巴的下部和头部后面分别填入10g、30g醋饭，加以固定。

8 卷

用手托住寿司帘，一边确认形状一边卷起并进行调整。

9 贴上用海苔做的眼睛

海苔和米饭贴合后，切开寿司，然后将用海苔做的眼睛贴上。

葡萄寿司

葡萄枝的制作看起来很难，不过把部件组合起来后再放上
葡萄枝就非常简单啦！

大颗的葡萄看起
来很诱人！

〈大小〉
长约 7cm

18

材料

葫芦条…10cm×2 根
紫色醋饭…120g
白色醋饭…130g

准备

将紫色醋饭分为 6 等份，每份 20g
将白色醋饭分为 90g、20g×2

准备海苔

半枚海苔…1 张
半枚海苔的 1/2…1 张
半枚海苔的 1/4…2 张
半枚海苔的 1/3…6 张

制作方法

1 做单颗葡萄

用半枚海苔的1/3卷起紫色醋饭，做出6根细卷寿司。分别用寿司帘调整好形状备用。

2 制作葡萄枝

将两根葫芦条展开，分别用1/4大小的半枚海苔卷起来。

3 葡萄枝粘上醋饭

在一根葫芦条的两面分别铺上20g的白色醋饭。

4 固定住葡萄枝

在步骤3做好的葡萄枝上再放上另一根葫芦条，并固定。

5 铺好作为背景的醋饭

将半枚海苔和半枚海苔的1/2用饭粒粘住，将90g白色醋饭铺开。

6 放上葡萄粒

将步骤5的寿司帘用手捧起，将步骤1的细卷放在上面摆出葡萄形状。

7 放上葡萄枝卷起

在葡萄粒上放上步骤3中制作的葡萄枝部分，用海苔卷起。

8 调整形状

从侧面观察并调整形状。

9 切寿司

想要切出大小均匀的寿司，可以先在海苔上用刀轻轻做出标记，然后再切开。

小熊寿司

制作小熊最重要的工作就是让脸部和耳朵粘在一起，做好这一步就大功告成啦。这款寿司非常有特色，像玩偶一样可爱！

又大又可爱的耳朵！

〈大小〉
长约 8cm

材料

奶酪棒…10cm×2 根
茶色醋饭…290g
奶酪片…1/2 片

准备

将茶色醋饭分别分为 210g、40g、40g

准备海苔

半枚海苔…1 张
半枚海苔的 1/3…2 张
半枚海苔的 1/4…3 张
眼睛、鼻子、嘴部用海苔…适量

制作方法

1 制作小熊耳孔

用半枚海苔的1/4将奶酪棒卷起来，并让海苔和奶酪棒贴合。再用同样的方法卷起另外一根奶酪棒。

2 制作熊耳朵

在半枚海苔的1/3大小的海苔放上40g茶色醋饭并铺平，注意海苔要稍微留出一些空余，做好后，在中间部分放上步骤1中做好的耳孔部分。以同样的方法做另一个。

3 调整耳朵的形状

将步骤2卷成半圆状，用手调整好形状。如果怕醋饭粘在下面，可以事先铺上一层保鲜膜。

4 制作小熊的脸部

用米粒将半枚海苔和半枚海苔1/4大小的海苔粘在一起，把210g醋饭捏成粗长条，放在粘好的海苔中间。

5 调整脸部形状

用寿司帘将寿司卷成圆形，调整一下形状。

6 切开脸部和耳朵

步骤3、4中做好的部分，在海苔和醋饭贴合在一起后，分别切成四等份。

7 把头部和耳朵粘起来

在耳朵上粘上米粒，然后再粘在头部。

8 粘贴眼睛、鼻子和嘴巴

用奶酪片做成椭圆形，用来做鼻子的底座。粘上用海苔做的眼睛、鼻子和嘴巴。

快来咬我一口！

小兔子寿司

制作小兔子时，最重要的步骤就是把耳朵和脸部粘在一起！
也可以做出蜡笔画中可爱的感觉哦。

醋饭的颜色和脸部的
表情可以自由
发挥哦！

〈大小〉
长约 8cm

材料

奶酪棒⋯10cm×1 根
粉色醋饭⋯20g
黄色醋饭⋯210g

准备

将粉色醋饭分成 2 份，每份 10g
将黄色醋饭分成 150g、30g×2

准备海苔

半枚海苔⋯1 张
半枚海苔的 1/2⋯2 张
眼睛、鼻子、嘴部用海苔⋯适量

制作方法

1 制作小兔子的耳朵

在半枚海苔1/2大小的海苔上铺平30g黄色醋饭，再在黄色醋饭的上面，一边铺上10g粉色醋饭。重复上面的步骤制作另外一只兔子耳朵。

2 调整耳朵形状

将步骤1的寿司从中间折起，调整成泪滴的形状。

3 制作小兔子的脸部

在半枚的海苔上留出大概3cm的空余，然后将150g黄色醋饭铺平。在醋饭的中间放上一根奶酪棒，然后卷起。

4 各部分完成

完成脸部部件1个、耳朵部件2个。

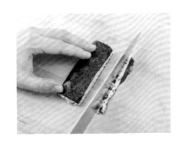

5 切下耳朵的下部

对照脸部大小比例，将耳朵根部用刀切整齐。

6 切开脸部和耳朵

把脸部和耳朵分别切成四等份。

7 粘上眼睛、鼻子

将用海苔做成的脸部的小部件贴上。还可以贴个粉色的脸颊哦。

8 加上耳朵

在脸部的上面粘上耳朵。

粉色的脸颊是不是很可爱?

小火车寿司

孩子们最具人气的就是小火车
驾驶室的窗户和粉色的线都非常逼真。

流线形的车身
非常有型！

〈大小〉
长约 13cm

材料

粉色寿司拌饭料…40g　白色醋饭…150g
黑色醋饭…45g
绿色醋饭（使用绿色鱼松）…160g

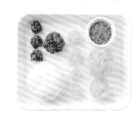

准备

将黑色醋饭分别分成 30g、5g×3
将绿色醋饭分别分成 90g、40g、10g×2、5g×2

准备海苔

半枚海苔…1 张
半枚海苔的 1/3…2 张
半枚海苔的 2/3…1 张
半枚海苔的 1/4…3 张

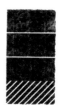

制作方法

1 制作车厢的车窗

把5g黑色醋饭放在半枚海苔的1/4大小的海苔上，卷成非常细的小卷。用同样方法制作另外2根小卷。

2 制作驾驶室车窗

在半枚海苔的1/3大小的海苔上，放上30g的黑色醋饭，然后卷起，捏成较平的半圆形。

3 制作列车车身

在半枚海苔的2/3大小的海苔上铺平150g白色醋饭。

4 制作粉色的线

将粉色寿司拌饭料均匀地平铺在步骤3的白色醋饭上，并留出1/3空白。

5 放上绿色部分和车窗

将90g绿色的醋饭铺平在步骤4上面，放上车厢的车窗和驾驶室车窗。

6 固定车窗

从驾驶室车窗往后，分别将两份10g、两份5g绿色醋饭塞到车窗空隙。

7 卷起

在车厢的车窗上面放上40g绿色醋饭，盖住除驾驶室车窗外其他车窗的上部。用饭粒将半枚海苔和半枚的1/3大小的海苔黏在上面。

8 调整

调整形状时注意保持车厢上部平整，驾驶室开始向前部缓缓下降并出现平缓的突出。然后用寿司帘按住整理形状。

9 切开

海苔和米粒贴合后，用刀切成4等份，注意不要破坏形状。

花式寿司初级篇

大象寿司

孩子们最喜欢鼻子长长的大象啦!
用一小段香肠就可以做出大象鼻子。

我的鼻子
能卷起
苹果哦!

〈大小〉
长约 9cm

材料
鱼肉香肠(粗)…10cm×1 根
香肠(细)…10cm×1 根
蓝色醋饭…250g

准备
将蓝色醋饭分别分为 150g、40g×2、20g

准备海苔
半枚海苔…1 张
半枚海苔的 1/2…3 张
半枚海苔的 1/3…1 张
眼睛、装饰鼻子和苹
果用海苔…适量

制作方法

1 制作大象耳朵

用半枚海苔1/2大小的海苔卷起粗的鱼肉香肠，让海苔和香肠贴合（如果不容易贴合，可以稍微沾一点水），然后切成两半。

2 用醋饭包裹住耳朵

将香肠的切开面朝下，分别用40g醋饭盖住。

3 耳朵部分完成

用两张半枚海苔的1/2大小的海苔分别将步骤2制作的耳朵覆盖，注意让两边空余出的海苔长度均等。

4 制作鼻子

将半枚海苔1/3大小的海苔的半面铺上20g蓝色醋饭，然后将海苔折叠。

5 卷鼻子

用步骤4中做好的部件卷细香肠，做出鼻子的弧度。

6 制作大象的脸部

在半枚的海苔中间放上用150g蓝色醋饭做出的粗长条，然后卷起，按压成略扁的圆形。

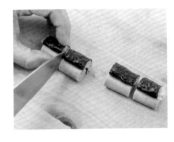

7 制作耳朵、鼻子、脸部

耳朵、鼻子、脸部以及苹果的部分分别切成4等份。鼻子和细香肠做的苹果粘在一起切，切的时候不容易碎。

8 把耳朵粘在脸上

在脸部的两侧粘上大大的耳朵，下侧粘上长长的鼻子。粘耳朵的时候可以把饭粒粘在海苔上，然后粘在脸部两侧。

9 粘上眼睛、鼻子、苹果

使用镊子把用海苔制作的眼睛和细香肠制作的苹果分别粘上，再粘上装饰鼻子和苹果的海苔，一个可爱的大象就完成啦。

熊猫寿司

制作眼睛的时候，只要将寿司卷卷成水滴形状，就可以做出可爱的熊猫眼！
卷寿司的同时要注意眼睛的摆放角度哦。

耷拉着的眼睛才
可爱哦！

〈大小〉
长约 8cm

材料

白色醋饭…150g　黑色醋饭…100g
奶酪片…1/2 枚

准备

将白色醋饭分别分为 70g、50g、30g
将黑色醋饭分别分为 40g、30g×2

准备海苔

半枚海苔…2 张
半枚海苔的 1/2…2 张
眼睛、鼻子、嘴巴用
海苔…适量

制作方法

1 制作熊猫耳朵

在半枚海苔1/2大小的海苔放上用30g黑色醋饭做出的长条，然后卷成细卷。用同样方法再做一个。

2 制作熊猫眼睛

在半枚海苔上放上40g黑色醋饭，然后卷成水滴形状的细卷。

3 将眼睛切两节

把步骤2中用来做眼睛的细卷从中间切成两节。

4 制作脸部

准备一张半枚海苔，留出大概4cm长的空余，然后把70g白色醋饭平整地铺在其余部分。

5 放置熊猫眼睛

在步骤4中铺平的白色醋饭中间，放上用30g白色醋饭做成的长条，然后将步骤2中做好的眼睛较尖的一头朝下。分别放在白色长条两旁，摆成一个V字。

6 固定熊猫眼睛

在两只眼睛的中间填入50g白色醋饭固定住眼睛（翻转过来，就成了耷拉着的熊猫眼睛）。

7 卷熊猫脸

用手托起寿司帘，注意黑色醋饭的部分要做成耷拉眼，所以要一边确认一边卷。

8 粘上耳朵

将脸部和耳朵分别切成4等份，然后把耳朵粘在脸部。将饭粒轻轻捏碎后，就可以很轻松地把耳朵和脸部粘在一起了。

9 贴上眼睛、鼻子和嘴巴

用奶酪片抠出椭圆形（可以把吸管的一端轻压成椭圆形，作为压型工具），然后粘上用海苔做的眼睛。再用同样方法粘上嘴巴。

晴天娃娃寿司

担心运动会和郊游时的天气吗？这个时候就该晴天娃娃出场啦。制作的时候，晴天娃娃的裙摆是关键哦。

今天一定要是大晴天!

〈大小〉
长约 6cm

材料

蟹棒…10cm×1 根
白色醋饭…120g
黄色醋饭…100g

准备

将白色醋饭分为 70g、50g
黄色醋饭分别分为 70g、10g×2、5g×2
将蟹棒白色的部分除去，留下红色的部分

准备海苔

半枚海苔…1 张
半枚海苔的 1/3…1 张
半枚海苔的 2/3…2 张
眼睛和嘴巴用海苔…适量

制作方法

1 制作头部

将50g白色醋饭捏成条状，放在半枚海苔的2/3大小的海苔上，然后卷成圆柱形。

2 制作身体部位的外边框

将半枚海苔的2/3大小的海苔，沿距离两边4cm的地方折出一道折痕。

3 制作波浪裙摆

在步骤2中的海苔下面放两根筷子，然后铺上70g白色醋饭。

4 制作梯形身体部位

然后将身体部位调整为梯形。

5 放上头部、蟹棒和身体部位

用饭粒将半枚海苔以及半枚海苔1/3大小的海苔粘在一起。然后留出4cm空余空间，在其余部分将70g黄色醋饭铺放均匀，然后在醋饭的中间放上头部、蟹棒和身体部位。

6 固定头部

在头部和身体两边的连接处塞入各10g黄色醋饭。

7 填充裙摆空余空间

用手托起寿司帘，要注意不要破坏形状，然后用各5g黄色醋饭填充用一次性筷子做出的裙摆的凹入处。

8 卷、调整形状、切开

一边确认寿司的形状一边卷起寿司，放置一会儿后切开。

9 粘上眼睛和嘴巴

将用海苔做成的眼睛和嘴巴粘上，微笑着的晴天娃娃就完成啦。

房子寿司

粉色的三角形屋顶和可爱的门和窗子。
将女孩子心中粉嫩的房子，做成寿司的图案！

既有窗子
又有门哦！

〈大小〉
长约 7cm

材料

黄瓜…10cm×1 根
厚玉子烧…10cm×1 根
香肠…长度 10cm，竖向切两半 ×3 根
白色醋饭…60g
粉色醋饭…60g
蓝色醋饭…120g
茶色醋饭…30g

准备

将白色醋饭分别分为 30g、20g、10g
蓝色醋饭分别分为 50g×2、10g×2
黄瓜切成宽约 5~7mm，高 1.5cm 的长方体
厚玉子烧切成边长为 1.5cm 的长方体

准备海苔

半枚海苔…3 张
半枚海苔的 1/3…1 张

制作方法

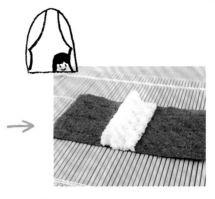

1 制作屋顶

把60g粉色醋饭做成三角形长条，然后放在半枚海苔上，用海苔将醋饭包起后，调整好三角形的形状。

2 制作屋门

在半枚海苔中间偏左一点的地方将用来做门的黄瓜立起来放置。

3 白色醋饭覆盖屋门

用20g的白色醋饭覆盖住步骤2中的黄瓜，然后将10g白色醋饭以2cm的宽度薄薄地铺平，备留放置玉子烧。

4 装上窗户

在步骤3中铺平的醋饭上放上厚玉子烧。

5 用白色醋饭盖住窗户

用30g白色的醋饭将玉子烧的周围围成四方形，之后用海苔卷起。

6 制作地面和背景

将半枚海苔和半枚海苔的1/3大小的海苔用饭粒粘起来。然后在一端留出大概2cm的空余，然后在中间部分将30g茶色醋饭铺匀，宽度与房子宽度相同。然后各在两边铺平50g蓝色醋饭。

7 放上房子

在茶色醋饭的上方放上房子主体，然后摆放香肠，香肠的上面摆上屋顶。

8 卷起

用手将寿司帘托起，在卷到屋顶部位的时候，在屋顶两边各放入10g蓝色醋饭，再继续卷起。

9 切开

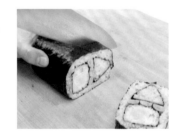

海苔和米饭贴合后，把房子放倒，然后切成小块，注意不要让图案变形哦。

花式寿司初级篇

爱心寿司

制作的窍门在于并不是直接制作整颗心，
而是做好两个半颗心后再粘在一起哦。

〈大小〉
直径约 6cm

女孩子的最爱！

材料

白色醋饭 130g
粉色醋饭 100g

准备

将白色醋饭分为 120g 和 10g

准备海苔

半枚海苔…1 张
半枚海苔的 1/3…1 张
整枚海苔的 1/3…1 张

制作方法

1 制作半颗心

34

首先在整枚海苔1/3大小的海苔上铺上一层保鲜膜，然后将粉色醋饭按照海苔的长度制作出长条状，放在海苔上。

2 调整形状

将步骤1中的醋饭用保鲜膜包起，用寿司帘调整成半颗心的形状。

3 连接两颗半心

把整枚海苔1/3大小的海苔覆盖在步骤2的醋饭上，然后切成两段，将两个半颗心粘在一起后，用寿司帘调整一下形状。最后在心形凹入处填充10g白色醋饭。

4 卷、切

将半枚海苔和半枚海苔1/3大小的海苔用米粒粘起来，留出大概4cm的空余，然后将120g白色醋饭均匀地铺在上面，然后将心形寿司倒放在上面，用寿司帘卷起，放置一会儿切开即可。

可爱山峰寿司

无论是孩子还是大人都非常钟爱的山峰图案。
可以用来在新年之际款待客人。

略圆的形状
更加可爱。

材料

蓝色醋饭…120g
黄色醋饭…90g
白色鱼糕…10cm×1 根

准备海苔

半枚海苔…2 张
半枚海苔的 1/4…1 张

〈大小〉
长约 6cm

制作方法

1 制作雪山顶

先将鱼糕切成梯形，然后将
底部切成锯齿状。

2 制作山的下部

在半枚海苔上放上步骤1做好
的鱼糕，然后用手将寿司帘
托起，再在上面放上120g蓝
色醋饭，这里要注意让底部
醋饭和鱼糕的梯形一致才会
好看。然后用海苔卷起来。

3 制作背景后放上小山

将半枚海苔和半枚海苔1/4大
小的海苔用饭粒粘起来，然后
将90g的黄色醋饭铺平在上面，
注意要在两端留出大概3~4厘
米的空余。在米饭的中间位置
将倒过来的山峰放上。

4 卷、切

用手托起步骤3已经完成的部
分，然后一边注意图案不要
被破坏，一边卷起来。稍微
放置一会儿后切开。

小肉垫寿司

把肉乎乎的肉垫用寿司制作出来！
各个部分都很简单，非常适合初学者。

喜欢猫咪的朋友
快来做一做吧！

〈大小〉
直径约 6cm

材料

粉色醋饭…110g
灰色醋饭（用黑芝麻调色）…140g

准备

将粉色醋饭分别分为 50g、20g×3
将灰色醋饭分别分为 80g、40g、10g×2

准备海苔

半枚海苔…1 张
半枚海苔的 1/3…3 张
半枚海苔的 1/4…1 张
半枚海苔的 1/2…1 张

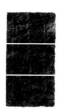

36

制作方法

1 制作小圆形

在半枚海苔的1/3大小的海苔上放20g粉色醋饭，然后卷起。同样方法一共制作3根细卷寿司。

2 制作大圆形

在半枚海苔的1/2大小的海苔上放50g粉色醋饭，制成1根粗卷寿司。

3 固定小卷寿司

在步骤1中制作的3根细卷寿司之间分别放上10g灰色醋饭，将它们连在一起。

4 制作背景

将半张海苔和半张海苔1/4大小的海苔用米饭粒粘在一起。在一端留出大概4cm的空余，在其余部分将80g灰色醋饭铺匀。

5 固定粗卷寿司

在步骤4的醋饭中间放上粗卷寿司，然后用40g灰色醋饭覆盖住。

6 放上小卷寿司

将寿司卷帘用手托起，在中间放上步骤3中连结好的3个细卷寿司。

7 卷、切

从海苔没有空余的一端开始卷起来。放置一会儿后切开。

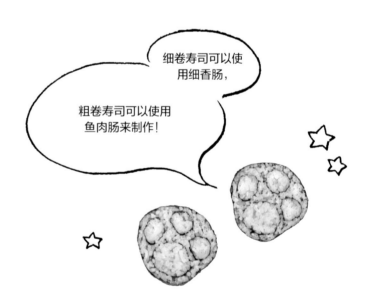

细卷寿司可以使用细香肠，

粗卷寿司可以使用鱼肉肠来制作！

做不好的话，这里帮您解决！

花式寿司Q & A

初学花式寿司制作，每个人都会因为一些小的地方感到头疼。
下面就用问答的形式来为您解说一些容易被忽略的基本点。

Q

切寿司的时候，
形状很容易变形，怎么办？

A

不要打算一口气切开，需要
一点一点摆动寿司刀来切开。

即便卷得再漂亮，如果切的时候不小心把图案破
坏了，也会功亏一篑。所以在切开寿司的时候，
一定要用湿润的毛巾擦拭寿司刀刀身，在湿的状
态下，一点一点用刀切开。每切开一次寿司，还
要记得把粘在刀上的米粒擦掉哦。

Q

米饭总是粘在手上，
好讨厌，怎么办？

A

在制作寿司的过程中，可先
把手放在醋水蘸湿，然后再
操作会更加方便。

手处于干燥状态的话，米饭就会不停地粘在手上，
非常麻烦！在处理醋饭的时候，可以用醋水（在水
中加少许醋）将手蘸湿后再操作。如果不太习惯这
种做法，还可以使用压纹塑料手套哦。

NG…

让我们来挑战一下高难度的飞机图案吧!

花式寿司中级篇

和初级篇比起来,这个章节所涉及的寿司,小部件会增加,组合的程序也会更加烦琐。不过在完成的时候也会为您带来更大的成就感。

Let's challenge !

公交车寿司

用寿司卷出四方形的公交车，太让人感动啦！
记住要倒过来摆放小部件哦。

幼儿园校车，酷吧！

〈大小〉
长约 10cm

材料

香肠（细）…10cm×2 根
蟹棒…10cm×5 根
奶酪棒…10cm×1 根
白色醋饭…140g
黄色醋饭…230g
黑色醋饭…40g

准备

将白色醋饭分别分为 80g 和 60g
将黄色醋饭分别分为 90g、60g、40g×2
黑色醋饭分为 20g×2
除去蟹棒白色部分，只留红色部分

准备海苔

半枚海苔…2 张
半枚海苔的 1/2…3 张
半枚海苔的 2/3…1 张
半枚海苔的 1/6…2 张

制作方法

1 制作车轮

将半枚海苔1/2大小的海苔一端预留出2~3cm的空余，然后将20g黑色醋饭均匀地铺在上面。之后把细香肠放在上面卷起来。同样的方法制作另一个车轮。

2 制作大车窗

在半枚海苔1/2大小的海苔上放上事先捏好的白色醋饭，然后用寿司卷帘调整四方形车窗的形状（四方形寿司的卷法窍门参照第11页）。

3 制作3个小车窗

在半枚海苔2/3大小的海苔上，将80g白色醋饭做成长宽为5×10cm，厚度为1.5cm的形状，然后用寿司刀将其割成三等份，然后将两张半枚海苔1/6大小的海苔竖着对折，分别插到缝隙中。然后将其用海苔卷起来。

4 完成小部件

到这里就完成了车轮和车窗等小部件的制作。

5 固定大车窗

将两张半枚海苔用饭粒粘在一起，在中间的部分将60g黄色醋饭铺开10cm的宽度，然后在铺开的黄色醋饭前部放上大车窗，最后用40g黄色醋饭均匀地覆盖住大车窗。

6 固定小车窗

在大车窗的旁边摆上3个小车窗，然后用40g黄色醋饭覆盖。

7 添加车灯和红色线条

在大车窗的上方放上奶酪棒，在奶酪棒旁边摆放红色蟹棒。

8 固定车轮

将90g的黄色米饭分成两份，一部分铺放在蟹棒上面，然后将步骤1中做好的轮胎摆放在黄色醋饭上，将剩余部分的黄色醋饭填充在轮胎之间，覆盖并固定住作为车灯的奶酪棒。

9 卷、切

沿着公交车的形状将海苔卷起（可以用米粒或者水将车轮和最外面的海苔粘起来）。放置一会儿后，保持倒立的样子切开。

花式寿司中级篇

小卡车寿司

卡车要结实，才能装载更多的货物哦。

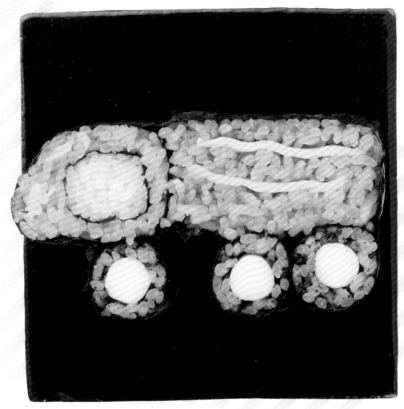

总是工作的卡车会变旧！做出破旧感才逼真！

〈大小〉
长约 10cm

材料

奶酪棒…10cm×3 根
奶酪片…（大片）
白色醋饭…30g
黑色醋饭…60g
红色醋饭…120g
绿色醋饭…70g

准备

将黑色醋饭分成 20g×3
将红色醋饭分成 60g、30g×2
将绿色醋饭分成 40g、30g
将奶酪片切成两片

准备海苔

半枚海苔…3 张
半枚海苔的 1/2…4 张

42

制作方法

1 制作车胎

轻轻地将20g黑色醋饭在半枚海苔的1/2大小的海苔上铺开，然后放上奶酪棒，卷起来。用同样方法制作另外2根。

2 制作车窗

用30g白色醋饭做成四方形条状，然后放在在半枚海苔的1/2大小的海苔上，卷成四方体（制作四方形的方法请参照11页）。

3 用绿色醋饭覆盖车窗

用40g绿色醋饭将步骤2中做好的四方体包住，然后放在半枚海苔中间。

4 加上发动机

在保鲜膜上放上30g的绿色醋饭，做成长条，然后用寿司帘调整成水滴的形状，放在车窗前面。

5 完成驾驶室

发动机的部分要略微突出，调整形状后卷起。

6 制作车厢

先将2张半枚海苔用米饭粘起来，然后在中间放上30g红色醋饭，之后将红色醋饭铺成大概6cm宽，在红色醋饭上面放上切成一半的奶酪片。然后再一次铺上30g醋饭，上面放上半张奶酪片，就可以啦。

7 放上车胎

在车厢上铺上60g红色醋饭，然后放上两个车胎。

8 放上驾驶室和车胎

在步骤7的车厢前面放上驾驶室和剩下的一个车胎。然后调整一下车胎的位置。

9 卷、切

在砧板上将海苔卷起。不容易粘合的部位可以沾上一些水，或者也可以使用米饭粒粘合。放置一会儿后切开。

瓢虫寿司

将做成半圆形的寿司卷切开后再粘在一起，就变成了瓢虫的样子！
想象着完成后的样子，把瓢虫的头部做得更可爱一些。

圆溜溜的
瓢虫好可爱！

〈大小〉
直径约 8cm

材料

白色醋饭…80g
黑色醋饭…40g
红色醋饭…105g

准备

将黑色醋饭分别分为 15g×2、10g
将红色醋饭分别分为 55g、30g、20g

准备海苔

半枚海苔的 1/2…1 张
半枚海苔的 1/3…2 张
半枚海苔的 3/4…1 张
半枚海苔的 1/6…1 张

制作方法

1 制作瓢虫的黑点

用半枚海苔1/3大小的海苔将15g黑色醋饭卷起来。以同样的方法制作另外一根。

2 制作头部

将半枚海苔1/6大小的海苔竖着从中间折起，然后将10g黑色醋饭填充进去。

3 组装

将步骤2中制作的头部如图所示放在保鲜膜上。然后将20g红色醋饭铺开，宽度约为4cm，长度以头部长度为准。

4 摆好黑点的位置

在靠近头部的位置放置一根作为黑点的细卷，然后再用30g红色醋饭将其前后填满固定。

5 再放置另外一个黑点

将另外一根细卷放在靠近尾部的位置。

6 用红色醋饭覆盖

用55g红色醋饭将身体整体覆盖，使其成为半圆形。注意不要盖住头部。

7 覆盖海苔

在红色醋饭上面放上半枚海苔1/2大小的海苔，然后用寿司卷帘将形状调整为半圆形，这样身体部分就完成啦。

8 制作背景

将身体部分用80g白色醋饭覆盖住，用保鲜膜将形状调整为半圆形，然后用半枚海苔3/4大小的海苔包住。

9 切开，合体

海苔和米饭贴合后切成4等份。然后按照瓢虫的样子粘在一起。

黑色猫咪寿司

想要做出猫咪可爱的表情，关键在于要考虑好眼睛、鼻子、嘴巴的位置，再组合各个部件。

大大的眼睛是猫咪最大的特征！

〈大小〉
长边约 6cm

材料

蟹棒…10cm×1 根
豇豆…10cm×1 根
黑色醋饭…170g
黄色醋饭…40g

准备

将黑色醋饭分别分为 60g、50g、30g、15g×2
黄色醋饭分为 20g×2
豇豆煮熟后冷却

准备海苔

半枚海苔…1 张
半枚海苔的 1/3…4 张
眼睛、胡子用海苔…适量

制作方法

1 制作猫咪眼睛

用半枚海苔1/3大小的海苔将20g黄色醋饭卷起来。同样的方法制作另一根。

2 制作猫咪的耳朵

分别用2张半枚海苔1/3大小的海苔卷起15g黑色醋饭，然后用寿司帘调整成三角形形状。两个耳朵就完成啦。

3 制作猫咪脸部

在半枚海苔上预留出约5cm的空余，然后在其余部分将60g黑色醋饭铺平。

4 放上猫咪的眼睛

在海苔中间放上用30g黑色醋饭做成的长条，然后将步骤1中做好的黄色眼睛分别摆放在长条的两侧。

5 放上鼻子

用50g醋饭的一部分填充两只眼睛的之间的部分，然后在中间部位放上豇豆。

6 黑色醋饭覆盖住眼睛和鼻子

用剩余50g黑色醋饭盖住豇豆和眼睛，并做成圆形。

7 放上嘴巴后卷起来

在中间部分放上蟹棒作为嘴巴，然后用寿司卷帘卷起来。

8 切开

将耳朵和脸部都进行四等分，然后分别将耳朵和脸部粘在一起。将饭粒捣碎后当浆糊使用会粘得更好哦。

9 添加眼睛和胡子

用海苔制作眼睛和胡子，然后再用镊子粘在脸上，可爱的黑色猫咪就完成啦。

杯子蛋糕寿司

可爱的杯子蛋糕，软软的奶油上面有一颗大大草莓。
虽然小的部件做起来有些烦琐，不过组装的时候可是非常简单哦。

松松软软的，看
起来美味极了！

〈大小〉
长约 7cm

材料

白色醋饭…80g　黄色醋饭…160g
茶色醋饭…40g　红色醋饭…15g
紫色醋饭…40g　粉色醋饭…50g

准备

将黄色醋饭分为 120g、20g×2
将 40g 紫色醋饭分成 4 等份
将 50g 粉色醋饭分成 5 等份

准备海苔

半枚海苔…1 张
半枚海苔的 1/2…1 张
半枚海苔的 1/8…9 张
半枚海苔的 2/3…2 张
半枚海苔的 1/4…1 张

制作方法

1 制作杯子的小部件

首先在4张半枚海苔1/8大小的海苔上分别铺放10g紫色醋饭。然后在另外5张上分别铺开10g粉色醋饭。

2 将步骤1叠放起来

把步骤1中做好的部分按照粉色和紫色交替的方式，叠放起来。

3 调整杯子形状

在寿司卷帘上放上一张半枚海苔2/3大小的海苔，将步骤2做好的部分放在海苔上，然后用手将寿司卷帘托起，调整形状，让下半部分略窄，然后用海苔卷起。

4 制作草莓

用半枚海苔1/4大小的海苔将15g红色醋饭卷起来，调整成水滴形状。

5 制作奶油部分

将80g白色醋饭做成半圆的小山形状，放在半枚海苔2/3大小的海苔上，然后在正中间放上做好的草莓部件。

6 放上杯子部分

将半枚海苔和半枚海苔1/2大小的海苔用饭粒粘起来，在一端预留出3~4cm的空余后，将120g黄色醋饭铺匀在上面，然后在中间部分放上做好的杯子。

7 把蛋糕的零件堆起来

在杯子部分上面放上40g茶色醋饭，然后在茶色醋饭上放上奶油的部分。

8 在顶端放上黄色醋饭

在草莓的两侧分别放上20g黄色醋饭。

9 卷、切

把寿司卷帘放在砧板上，然后确保图形不会被破坏的同时卷起来。稍微放置一会儿后切开。

套娃寿司

女孩子喜欢的温柔可爱的套娃。
头发和脸部的组合方法，也可以应用到其他寿司的制作中哦。

摆在一起的套娃，可爱极啦！

〈大小〉
长约 7cm

材料

白色醋饭…40g
黄的醋饭…40g
绿色醋饭…170g
粉色醋饭…80g
香肠（细）…10cm×1 根

准备

将绿色醋饭分成 100g、50g、20g
将香肠纵向十字切开（使用两根三角形）

准备海苔

半枚海苔…2 张
半枚海苔的 1/2…1 张
半枚海苔的 1/4…2 张
半枚海苔的 2/3…1 张
眼睛、嘴巴用海苔…适量

制作方法

1 制作头发

用半枚海苔1/2大小的海苔将40g黄色醋饭卷起，然后稍微按扁一些后，纵向切开。

头部完成！

2 制作头部

将步骤1中切开的部分米饭朝下，放在半枚海苔的2/3大小的海苔上，之后将40g白色醋饭做成条状，放在两个半圆之间。

3 制作蝴蝶结

用半枚海苔1/4大小的海苔将切成三角形的香肠卷起来。用同样的方法再制作一根。

4 制作身体部分

将两张半枚海苔用饭粒粘起来，然后在中间部分将80g粉色醋饭以大约3cm的宽度放在上面。再将100g绿色的醋饭调整为略宽于粉色部分的宽度，然后放在粉色醋饭上面。

5 放上蝴蝶结

在身体上面放上做好的蝴蝶结，然后用20g绿色醋饭进行固定。

6 用绿色醋饭将头部包住

将步骤2中制作好的头部用50g绿色醋饭均匀地包裹住。

7 把头和身体粘起来

将步骤5的部件用寿司卷帘托起来，然后在上面放上做好的头部。

8 卷、切

在确保套娃形状的同时，用海苔卷起来。稍微放置一会儿后切开。

9 粘上眼睛和嘴巴

用镊子将用海苔制作的眼睛和嘴巴粘在上面，可爱的套娃就完成啦！

直升飞机寿司

因为要做很多小部件，
所以在制作各个部分的同时对整体的想象是很重要的！

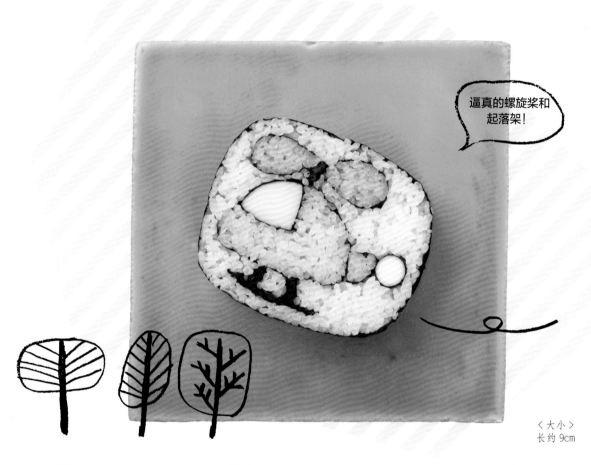

逼真的螺旋桨和
起落架！

〈大小〉
长约 9cm

材料

鱼糕（白色）…10cm
葫芦干…10cm×5 根
奶酪棒…10cm×1 根
白色醋饭…240g
橙色粗饭…60g
绿色醋饭…120g

准备

将橙色粗饭分成 30g×2
将绿色醋饭分为 80g、30g、10g
将白色醋饭分为 5g、10g×3、15g、30g、40g、120g
将鱼糕切成边长约为 2cm 的银杏叶形

准备海苔

半枚海苔…2 张
半枚海苔的 1/2…2 张
半枚海苔的 1/3…3 张
半枚海苔的 2/3…1 张
半枚海苔的 1/6…4 张

制 作 方 法

1 制作螺旋桨

将1根葫芦干用半枚海苔1/6大小的海苔卷起（用来制作螺旋桨的轴）。然后用半枚海苔1/3大小的海苔将30g橙色醋饭卷起来，调整成水滴形状。同样方法制作另一根。

2 制作机尾部分的部件

用半枚海苔1/3大小的海苔将奶酪棒卷起来。然后将半枚海苔1/6大小的海苔纵向折起，中间填充进10g绿色的醋饭，然后调整成三角形。

3 制作起落架

在半枚海苔1/2大小的海苔上放上2根葫芦干，然后展开到4cm的宽度后用海苔包起来。剩下的两根葫芦干分别对折，然后分别用半枚海苔1/6大小的海苔卷起来。这样两根支撑和一根横杆就完成了。

4 制作驾驶室的窗户

用半枚海苔1/2大小的海苔将切好的鱼糕卷起。这样所有的小部件就都完成啦。

5 组装机身

在半枚海苔的正中间放上80g绿色醋饭。然后放上作为驾驶室的鱼糕部分，然后在鱼糕侧面填入30g绿色醋饭，用海苔卷起来后，调整成半圆形。

6 制作背景、放置起落架的横杆

将半枚海苔和半枚海苔2/3大小的海苔用饭粒粘在一起，然后留出4~5cm的空余后，将120g白色醋饭铺匀在上面。之后在中间部分放上宽的卷好的葫芦干。

7 固定起落架

在步骤6上面将步骤3中做好的窄葫芦干立着放在底座上，之间填充15g白色醋饭，分别在两侧各填入10g白色醋饭加以固定。

8 放上机身

将步骤5中做好的机身放在起落架上。然后将30g白色醋饭做成条状放置在机身后面。然后在白色醋饭上放上步骤2中做好的绿色三角以及用海苔卷起的奶酪棒。

9 放置螺旋桨的轴

将剩下的一条葫芦干放在机身上，在前侧后侧填入10g和5g白色醋饭。

10 填充白色醋饭

用手将寿司卷帘用手托起，然后从机身到螺旋桨的部分用40g白色醋饭盖住。

11 放置螺旋桨

在葫芦干的上面放上两个橙色的螺旋桨。

12 卷、切

一边确认图形的完整，一边将其卷起来。稍微放置一会儿后切开，可爱的直升飞机就做成啦。

音符寿司

包括八分音符与十六分音符，
无论是八分音符还是十六分音符，都需要倒过来组装完成哦。

把两个音符摆在一起，好有意思啊！

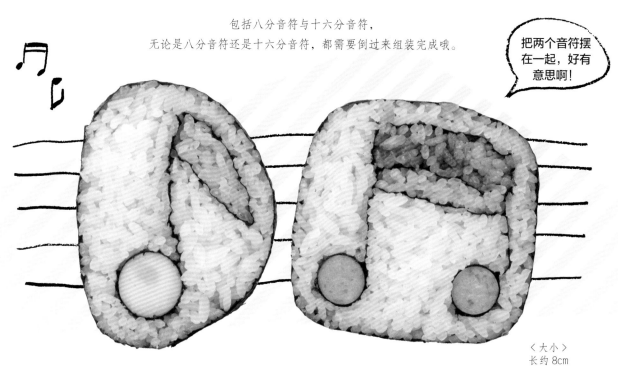

〈大小〉
长约 8cm

八分音符

材料

白色醋饭…230g
绿色醋饭…30g
奶酪鱼糕…10cm×1 根

准备

将白色醋饭分别分成 100g、70g、60g

准备海苔

半枚海苔…1 张
半枚海苔的 1/2…2 张
半枚海苔的 1/3…2 张

十六分音符

材料

白色醋饭…290g　紫色醋饭…50g
蓝色醋饭…25g
香肠（细）…10cm×2 根

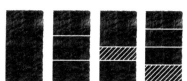

准备

将白的醋饭分别分为 130g、80g、50g、30g

准备海苔

半枚海苔…1 张　半枚海苔的 1/2…1 张
半枚海苔的 1/3…4 张　半枚海苔的 1/4…3 张

制作方法

八分音符

1 制作符头和符尾

用半枚海苔1/3大小的海苔将奶酪鱼糕卷起来。然后在半枚海苔1/2大小的海苔的半边放上30g绿色醋饭铺平，将海苔折起来，轻轻地按压。

2 固定符头和轴

在半枚海苔1/3大小的海苔的一端放上符头部分，然后将70g白色醋饭铺开。

3 放符头和轴

将半枚海苔和半枚海苔1/2大小的海苔用饭粒粘在一起，然后在一端预留出约5cm的空余，将100g白色醋饭在其余部分铺开。在米饭一端留约2cm的空余，然后将步骤2的部件海苔朝上放在上面。

4 粘上符尾

用手将寿司卷帘托起，然后放置符尾，让符尾与海苔的轴部粘在一起。然后在符尾下面填充60g白色醋饭。

5 卷、切

一边确认图形的同时一边卷起来，然后稍微放置一会儿后切开。

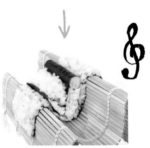

十六分音符

1 制作符头和符尾

用半枚海苔1/3大小的海苔将香肠卷起来。同样的方法共制作两根。一根放在半枚海苔1/3大小的海苔一端，然后在海苔上放50g醋饭将其固定。

2 组装背景

将半枚海苔和半枚海苔1/2大小的海苔用饭粒粘起来，然后留出2cm左右的空余，将130g米饭铺放在剩余部分。在米饭中间放上半枚海苔1/4大小的海苔，然后放上50g紫色醋饭。

3 叠加连接部分

在紫色醋饭上面放半枚海苔1/4大小的海苔后，再放25g蓝色醋饭，再放一张半枚海苔1/4大小的海苔，最后放上80g白色醋饭。

4 添加符头和轴

在左侧贴上半枚海苔1/3大小的海苔，然后在左上方放上香肠，最后在香肠一侧放上30g醋饭并铺平。

5 卷、切

在右侧将步骤1中做好的部件粘上，沿着形状卷成四方形。放置一会儿后切开。

卷不好怎么办？看看下面的内容！

花式寿司Q & A

虽然按照步骤卷，可是总卷得不尽如人意，其实这主要有两个原因。
让我们重新回顾一下最基本的操作方法。

Q

在卷的过程中，图形会发生变形，怎么办？

A

一边不断地确认图案的形状，一边卷就好啦。

图案会发生变形，有时是因为食材和部件摆放的位置本身偏离，有时是在卷的过程中发生了变形。所以每次摆放部件的时候最好边从侧面确认图形完整，边修复错位的部分。

Q

醋饭太松散了，总是卷不好，怎么办？

A

准确地称量米饭的重量，然后将醋饭一直铺到海苔的边缘，再试试看。

如果醋饭的量不足，或者没有铺平展的话，就会出现空隙，导致卷起来的寿司不紧致。因此，请准确称量醋饭的重量，认真将醋饭铺均匀。

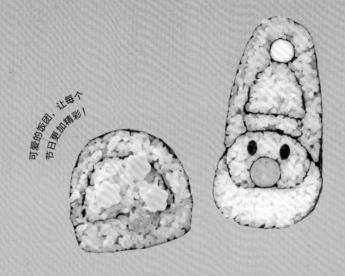

可爱的饭团，让每个节日更加精彩！

Part3

快乐节假日&庆典的花式寿司

花式寿司也非常适合节日或者庆典的餐桌哦。

洋溢着季节感的花式寿司一上桌，无论是小孩子还是大人，都会欢呼雀跃。

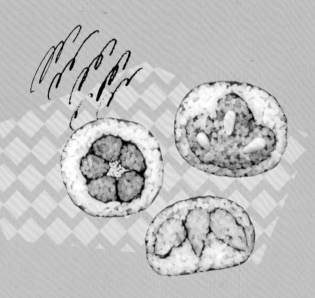

Enjoy seasonal event!

毕业·入学季——樱花寿司

〈大小〉
长约 5 cm

温暖的色调一如春天盛开的樱花。
粉色的火腿可以作为装饰。

材料

薄火腿…一片　粉色醋饭…80g
茶色醋饭…30g　蓝色醋饭…85g
绿色醋饭…30g

准备

将粉色醋饭分为 30g、20g×2、10g
将蓝色醋饭分为 60g、15g、10g
将火腿肠用小樱花的模具刻出樱花形状

准备海苔

半枚海苔…1 张
半枚海苔的 1/2…1 张
半枚海苔的 2/3…1 张
半枚海苔的 1/4…1 张

制作方法

1 制作樱花

首先将分成小份的粉色醋饭分别用保鲜膜做成长度约为10cm的长条状。

2 制作草坪

将半枚海苔和半枚海苔2/3大小的海苔用饭粒粘在一起。然后在中间部分将绿色醋饭以宽度5cm铺匀。

3 放上树干

将茶色醋饭做成长度为10cm的长三角，放在绿色醋饭右上部。

4 固定树干

在放好的树干两侧分别填充10g、15g蓝色醋饭，用来固定住树干。

5 夹住海苔

在左侧的醋饭上面放上半枚海苔1/2大小的海苔，右侧放上半枚海苔1/4大小的海苔。

6 放上樱花部分

在左侧的海苔上面放上步骤1中做好的30g细卷，在右侧的海苔上放上20g细卷，之后再放上10g的细卷，在最上面放上20g的细卷。沿着摆出的圆弧将海苔在贴合醋饭上。

7 制作天空

把60g蓝色醋饭覆盖在樱花的上部，然后调整成圆形。

8 卷、切

边确认图形的完整，边将海苔卷起。稍微放置一会儿后就可以切开啦。

9 放上火腿

最后再将做好的火腿肠樱花放在上面就完成啦。

生日——男孩女孩寿司

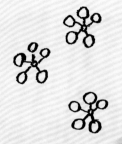

〈大小〉
长约7cm

只需要一个寿司卷，就可以做出男孩和女孩两种人偶。
注重袖子以及头发等细节，做出来会更完美。

材料

奶酪片（大片）…1枚
白色醋饭…65g　粉色醋饭…50g
蓝色醋饭…50g　黑色醋饭…75g
黄瓜…少许　厚煎蛋…少许

准备

将粉色醋饭分为20g、15g×2
将蓝色醋饭分为20g、15g×2
将白色醋饭分为35g、30g
将黑色醋饭分为40g、35g
将黄瓜切成细条
厚煎蛋做成扇子和皇冠

准备海苔

半枚海苔…1张
半枚海苔的1/2…4张
半枚海苔的1/3…1张
半枚海苔的2/3…1张
眼睛、嘴巴用海苔…适量

制作方法

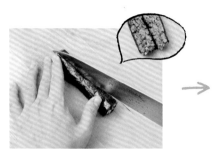

1 制作头发

将40g黑色醋饭做成条状放在半枚海苔1/2大小的海苔上，做成椭圆形的细卷，然后纵向切开待用。

2 固定头发部分

然后在半枚海苔的中间，将步骤1中的部件切开面朝下放置。

3 制作头部

在步骤2中完成的部分上面放上用30g白色醋饭做成的圆条状，在卷起的同时确认能够卷成脸的形状。

4 制作衣服的边缘

将奶酪片在中间轻轻地折起，形成折痕，然后用半枚海苔1/2大小的海苔将夹起。

5 制作不同颜色的和服

将步骤4的部件放在寿司卷帘上，然后折成V字型，前半部分和后半部分分别放入20g粉色和20g蓝色的醋饭。

6 完成和服内部

将半枚海苔和1/2大小的半枚海苔用饭粒粘在一起，然后将步骤5完成的部分放在中间。

7 制作和服的上部

用手托起寿司卷帘，按照原来的颜色，分别在两侧再次填入各15g蓝色醋饭和粉色醋饭，完成后在上面放上半枚海苔1/3大小的海苔。

8 放上头部后，卷起，切开

在中间放上做好的头部，然后在粉色一边放上35g黑色醋饭，蓝色一边放上35g白色醋饭，然后调整成圆形后用寿司卷帘卷起。稍微放置一会儿后切开。

9 粘上眼睛、嘴巴和装饰品

粘上用海苔制作的眼睛和嘴巴，其中一个人偶身上放上黄瓜，另一个人偶身上放上用厚煎蛋制作的皇冠和扇子就大功告成啦。

儿童节——鲤鱼旗寿司

<大小>
长约 8cm

一次完成不同颜色的鲤鱼旗！
使用奶酪制作鱼鳞以及捏出鱼尾的形状是制作的关键。

材料

奶酪片（大片）…1片
奶酪棒…10cm×4根
松子…8颗
粉色醋饭…80g
蓝色醋饭…80g

准备

将粉色醋饭分别分为30g、20g、10g×3
将蓝色醋饭分别分为30g、20g、10g×3
将奶酪片切成4×10cm 大小的一张
奶酪棒其中的3根纵向切成两半成为6根，1根完整的留用

准备海苔

半枚海苔…1张
半枚海苔的1/2…1张
半枚海苔的1/4…2张
半枚海苔的1/3…2张
眼睛用海苔…适量

62

制作方法

1 制作鱼眼睛

用半枚海苔1/3大小的海苔将完整的1根奶酪棒卷起来。

2 制作颜色不同的基础部分

用饭粒将半枚海苔和半枚海苔1/3大小的海苔粘在一起。然后各取20g粉色和蓝色的醋饭，分别做出4cm×4cm×10cm大小的长条，放在海苔的中间。

3 放入眼睛

在醋饭的中间做出一个凹槽，然后将步骤1中做好的眼睛放进凹槽，再用周围的醋饭把眼睛埋起来。

4 放上做鱼鳃的线条

用2张半枚海苔1/4大小的海苔把切好的奶酪片夹起来放在步骤3的部件上面。

5 加上鳞片

在上面分别将粉色和蓝色醋饭各10g铺开，颜色要与底部一致。然后把3根切好的奶酪棒切面朝下摆在上面。

6 按照颜色叠加

同样的方法，再次将粉色和蓝色的醋饭各10g铺在上面，之后再将两根切好的奶酪棒放在上面。再一次将粉色和蓝色醋饭10g铺放在奶酪棒上，最后放上1根切好的奶酪棒。

7 放上鱼尾巴

取蓝色和粉色醋饭各30g，分别做出两个长度为5厘米的三角长条，放在上面。

8 卷、切

将寿司卷帘拿起，一边调整形状一边卷起来。注意鱼尾的形状，放置一会儿后切开。

9 添加眼睛和尾部的装饰

加上用海苔制作的眼睛，再在尾部加上松子就完成啦。

圣诞节——圣诞老人&红靴子寿司

白胡子的圣诞老人和他的红靴子可爱极了。
让我们参考装饰圣诞树的小饰品做起来吧。

圣诞老人寿司

轻轻地放上帽子。

做好小部件后，只需要一边确认图案完整
一边倒过来堆放起来就好了！

材料

奶酪棒···10cm×1 根

香肠···（细）···10cm×1 根

白色醋饭···110g

橙色醋饭···65g

粉色醋饭 50g

绿色醋饭 90g

〈大小〉
长约9cm

准备

将白色醋饭分别分为 50g、20g×3

准备海苔

半枚海苔···2 张　　半枚海苔的 2/3···2 张

半枚海苔的 1/2···1 张　半枚海苔的 1/3···2 张

眼睛用海苔···适量

制作方法

1 制作帽子的球球和鼻子

将奶酪棒用半枚海苔1/3大小的海苔卷起来。同样的方法再用半枚海苔1/3大小的海苔把香肠卷起来。

2 制作帽子

把50g粉色醋饭制作成三角形长条，放在半枚海苔2/3大小的海苔上，卷起来。然后再将20g白色醋饭放在半枚海苔1/2大小的海苔上，卷成椭圆形。

3 制作脸部

在1张半枚海苔的2/3大小的海苔中间，将步骤1中做好的香肠放上，然后用橙色醋饭将香肠覆盖住，下面的部分大约宽4cm，上部做出圆形弧度。

4 制作胡子

在一张半枚海苔的中间，将50g白色醋饭做成四方形放在上面，然后再在左右两侧分别加上20g白色醋饭做出斜坡，让整体形成梯形。

66

5 脸部和胡子组合在一起

在步骤4中完成的胡子上放上步骤3中的脸部，让香肠一侧朝下。然后用海苔卷起来。

6 组装

在半枚海苔上两端分别预留出3cm的空余后，将90g绿色醋饭铺开，然后放上步骤1中卷好的奶酪棒，托起寿司卷帘，放上做好的粉色三角形和白色的椭圆形。

7 卷、切

将步骤5中做好的脸部倒立着放在步骤6做好的帽子上面，然后确认图形的同时卷起来。稍微放置一会儿就可以切开啦。

8 加上眼睛

填上用海苔制作的眼睛，圣诞老人就完成啦。

红靴子寿司

制作红靴子的关键在于想象着靴子的形状，
将醋饭做成靴子的样子。

还带有暖暖的
白色绒边！

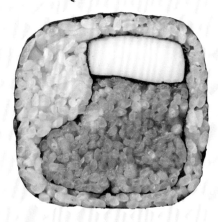

〈大小〉
长约 5cm

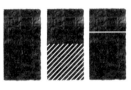

材料
鱼糕（白）…10cm×1 根
红色醋饭…100g
橙色醋饭…110g

准备
将红色醋饭分成 60g、40g
将橙色醋饭分成 80g、30g
鱼糕切成 10cm×2.5cm×1cm 大小

准备海苔
半枚海苔…1 张
半枚海苔的 1/2…1 张
半枚海苔的 2/3…1 张
半枚海苔的 1/3…1 张

制作方法

1 制作靴子的上部

用半枚海苔的1/2大小的海苔将切好的鱼糕卷起来，然后在上面放上用40g红色醋饭做成的长条。

2 制作靴子的下部

在半枚海苔2/3大小的海苔中间，放上60g红色醋饭，然后调整成椭圆形。

3 组合靴子的零件

和步骤2中的醋饭右边对齐，将步骤1的部件放在上面。

4 完成靴子

用手把卷帘拿起，沿着靴子的形状，用海苔把靴子卷起来。

5 制作背景

用饭粒将半枚海苔和半枚海苔1/3大小的海苔粘在一起，一侧预留出约4cm的空余，然后将80g橙色醋饭铺匀在上面，之后放上靴子。

6 卷、切

在靴子突出的部分上面放上30g的橙色醋饭，然后卷起来。稍微放置一会儿，就可以切开啦。

春节——松竹梅寿司

符合节庆氛围的松竹梅，
在成年人的聚会上也非常受欢迎。

松寿司

只要把水滴形状的醋饭放在一起，就做成了松树的形状，
很简单，不过让我们认真地做起来吧。

散发着海菜的
香味。

〈大小〉
直径约 5cm

材料

松子…12 颗
白色醋饭…100g
绿色醋饭（加入海菜粉和少量蛋黄酱）…110g

准备

将白色醋饭分为 60g、20g×2
将绿色醋饭分为 50g、30g×2

准备海苔

半枚海苔…2 张

制作方法

1 制作松树叶

将三份绿色醋饭用保鲜膜和
寿司卷帘分别做出水滴形状
的松树叶。

2 把松树枝组装起来

在寿司卷帘上放上半枚海
苔，将步骤1中做出的小的
松树叶尖头朝下放置海苔
上，然后将最大的一个松树
叶尖头朝下放置中间。

3 用海苔把松树叶卷起

海苔沿着松树叶的形状卷
起来。

4 制作背景

在半枚海苔上，先预留出
大概2cm的空余，然后铺匀
60g白色醋饭，在中间放上
松树叶。

5 卷

在两个小的松树叶上各放
20g白色醋饭，然后用海苔
卷起来。

6 切开、装饰

稍微放置一会儿后，切开，
然后摆上松子就完成啦。

竹寿司

把竹叶摆放协调的话，做出的图案会更漂亮。

叶尖向外分散，象征着枝繁叶茂。

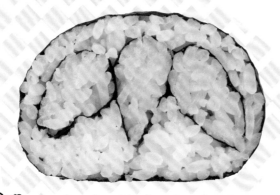

〈大小〉
直径约 5~6cm

材料

白色醋饭…80g
绿色醋饭…60g

准备

将白色醋饭分为 60g、10g×2
将绿色醋饭分为 20g×3

准备海苔

半枚海苔…1 张
半枚海苔的 1/3…3 张

70

制作方法

1
制作竹叶

将分成3小份的绿色醋饭分别用半枚海苔1/3大小的海苔卷起，做成水滴形状。

↓

2
制作背景

在半枚海苔上先预留出大概2cm的空余，然后将60g白色醋饭铺匀在其余部分。

↓

3
固定竹叶

把步骤1中做好的竹叶圆形部分在下放在背景上，然后在竹叶之间各放入10g白色醋饭填充。

↓

4
卷、切

用手托起寿司卷帘，一边整理形状一边卷起来。放置一会儿就可以切开啦。

梅花寿司

用红色和黄色搭配出可爱的梅花，
多放一些蛋皮丝会更漂亮哦。

如此可爱，就连
大人们也很青睐。

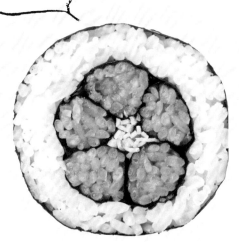

〈大小〉
直径约 5~6cm

材料

蛋皮丝…适量
白色醋饭…100g
红色醋饭…75g

准备

将红色醋饭分成 15g×5

准备海苔

半枚海苔…1 张
半枚海苔的 1/3…5 张
海苔条（纵向切开）…1cm 宽 ×2 条

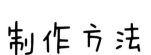
制作方法

1
制作梅花的花瓣

用5张半枚海苔1/3大小的海
苔分别将15g红色醋饭卷成
细卷。

2
做出花的形状

在寿司卷帘上放上裁剪好的
两条海苔条，在海苔条上放
上三根步骤1中做好的细卷。

3
卷入蛋皮丝

用手将寿司卷帘托起，在中
间放入蛋皮丝后，将剩下的
细卷放上，调整成梅花的形
状后卷起。

4
卷、切

在半枚海苔上留出2cm空余
后，将100g白色醋饭铺匀在
其余部分，在中间放上步骤3
完成的梅花后卷起来。稍微
放置一会儿就可以切开啦。

快乐节假日&庆典的花式寿司

71

Part3

丰富多彩的每日便当！
寿司三明治

不用卷、不用握、随心搭配！
搭配自由的简单寿司三明治，
作为每天的便当，营养丰富，外观漂亮。

材料

●火腿三明治

醋饭…160g（一碗量）

火腿、莴苣、奶酪…各一片

●蔬菜三明治

醋饭…160g

煮胡萝卜…3根

煮莴笋…2根

厚蛋烧…2块

蛋黄酱…适量

●猪排三明治

醋饭…100g

炸猪排…适量

水芹…适量

辣椒粉…适量

1 将一整张海苔的一角朝向自己一边，然后在中间将一半的醋饭铺开。

2 放入食材。

3 在食材上放上剩下的醋饭。

完成

为了防止食物因高温而变质，要把所有的食材都放凉后再做三明治。

4 将海苔折起，稍微放置一会儿后，垂直切开。

小酌一杯的好伴侣!

款待客人的花式寿司

在用来招待客人的菜单中，不妨加入漂亮的花样寿司。
无论是大家聚在一起分享手工料理午餐，还是举行家庭聚会，都是很好的选择!

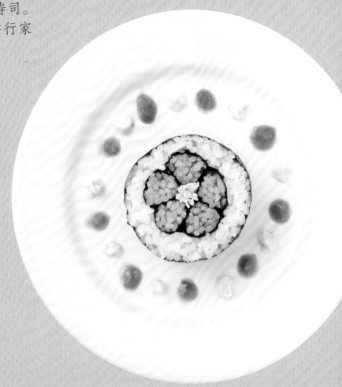

for party!

罐沙拉寿司

把色彩丰富的食材与醋饭一起装进玻璃罐中，不仅外观漂亮，同时也非常适合自带料理的聚餐。

Column --

把装在玻璃罐里的寿司取出放在
盘子里就变成了散寿司！

只做一人份的话，可以用勺子挖着吃，就像便当一样。如果是自带料理聚餐，可以用一个大的玻璃罐制作罐寿司，取出放在盘子里搅拌一下，就成了华丽的散寿司！

漂亮的
罐沙拉寿司！

1. 烤牛肉与水芹沙拉寿司

撒入粗黑胡椒粉的醋饭与烤牛肉的完美搭配！

蔬菜肉类满满

材料

* 请根据玻璃罐的大小进行调整。

●黑胡椒醋饭

醋饭…150g

寿司醋…两大勺

黑胡椒…足量

●食材

黑橄榄（切成环）

嫩玉米（煮熟）

胡萝卜（煮熟）

秋葵（煮熟）

烤牛肉

烤牛肉酱

水芹

细奶酪条

1 让食材的断面可以看见

将一部分黑胡椒醋饭放在底层，然后将黑橄榄摆进去（将黑橄榄切成圆环，贴在玻璃罐壁上，这样就可以从外面看到食材）。

2 中间放入松软的醋饭

在中间放入其余黑胡椒醋饭，注意不要压实，然后把嫩玉米、胡萝卜、秋葵一次摆进去，要让食材的横断面可以从外面看到。

3 放入烤牛肉、蔬菜和奶酪

把烤牛肉轻轻卷一下，摆放的时候让卷起的轮廓可以看见。然后浇上一层烤牛肉酱，再在上层放上水芹和细奶酪条。

2.熏鲑鱼与牛油果香草沙拉寿司

吃到的每一口都是不同口味，口感与香味绝妙至极！

材料
* 请根据玻璃罐的大小进行调整。

●罗勒醋饭…150g
寿司醋…一大勺
热那亚酱…两大勺
盐、胡椒…少许

●食材
圣女果
熏鲑鱼
牛油果
唐莴苣（茎）
豌豆（煮熟）
西蓝花（煮熟）
茴香
坚果（碎）

香草的香味和
清新的口感

1 最下面放入醋饭和圣女果

把切成两半的圣女果铺在底部，
然后轻轻地放上一层罗勒醋饭，
在醋饭上面摆上一层熏鲑鱼片。

2 反复摆放熏鲑鱼片和牛油果

牛油果与熏鲑鱼片相间放入，
根据喜好可多摆几层。之后将
余下的罗勒醋饭放在上面。

3 竖着摆放唐莴苣，
放入茴香和坚果

把唐莴苣和豌豆立起来摆放，
中间放入西蓝花，然后在上面
撒上切好的茴香和捣碎的坚果
就完成啦。

寿司酱汁

就像面包要配上果酱一样，寿司也要搭配酱汁。
下面就为您介绍与寿司搭配的各种酱汁。

1 豆浆蛋黄酱

豆浆与芥末调制的
清爽蛋黄酱味道

材料
芥末…1 大勺
醋…1 大勺
豆浆…4 大勺
色拉油…4 大勺
盐、胡椒…适量

❶ 将芥末、醋和豆浆混合均匀。
❷ 加入 2 大勺色拉油后搅拌，使
其黏稠。
❸ 再次加入 2 大勺色拉油，一直
搅拌到黏稠。
❹ 加入盐、胡椒调味。

2 意大利热辣蘸酱

就着大蒜的
香味酒意正酣！

材料
蒜泥酱…1 大勺
凤尾鱼里脊…4 条
橄榄油…4 大勺
胡椒…少许

❶ 将所有食材放入一口小锅里，
一边搅拌一边用中火加热。
❷ 煮出香味，蒜泥和凤尾鱼煮熟
后，把火关掉。
※ 请注意，如果使用大火加热的话，
会发生油飞溅现象。

3 奶酪酱汁

红酒与柠檬调制出的
清爽味道

材料
奶油干酪…50g
蒜蓉酱…少许
牛奶…4 大勺
柠檬汁…1 小勺
白葡萄酒…少许

❶ 在锅内放入奶油干酪、牛奶、
蒜蓉酱后，用中火加热，用打蛋器
均匀搅拌。
❷ 加入柠檬汁搅拌。
❸ 当酱汁变得柔滑并细腻后，加
入白葡萄酒，煮开后关火。

4 橙子醋果冻

融入香橙的味道！

材料
酱油…3 大勺
橙子果汁…2 小勺
明胶粉…2g

❶ 明胶粉用水溶开。
❷ 将酱油、橙子果汁、明胶粉混
合后，放入冰箱内冷却，定型。
❸ 用叉子或其他器具打散。

5 牛油果酱汁

橙子胡椒刺激味觉的浓醇味道

材料
牛油果…1 个
柚子胡椒…1 小勺
柠檬果汁…少许

❶ 将牛油果用叉子捣碎后，混合
在柠檬果汁中。
❷ 加入柚子胡椒，混合均匀。

6 梅酱酱汁

配日本酒的和风口味

材料
梅肉…1 个
味醋…2 大勺
甜料酒…2 大勺
砂糖…1 小勺

❶ 梅肉用刀切碎。
❷ 把所有食材混合均匀。

憨态可掬的小鸭子、小熊、大象，萌萌的晴天娃娃、小肉垫、爱心，酷毙的小火车、直升飞机、公交车……这些形象都可以制成寿司！

本书按照难易程度编排，当您熟练掌握了初级篇所涉及的技巧，就可以尝试中级篇了。书中还介绍了适合在节假日和庆典时品尝的花式寿司，以及用来款待客人的花式寿司。不用担心，即使没有任何美术细胞，按照本书的提示，也能轻松做出漂亮的寿司。

图书在版编目（CIP）数据

小小的寿司，妈妈的爱／（日）驹由著；苏昊明
译．—北京：化学工业出版社，2016.11
ISBN 978-7-122-28214-9

Ⅰ．①小… Ⅱ．①驹… ②苏… Ⅲ．①大米－食谱－
日本 Ⅳ．① TS972.131

中国版本图书馆 CIP 数据核字（2016）第 235425 号

北京市版权局著作权合同登记号：01-2016-0537

责任编辑：王丹娜　李　娜　　　　　　　　内文排版：北京八度出版服务机构
责任校对：程晓彤　　　　　　　　　　　　封面设计：　周周設計局

出版发行：化学工业出版社（北京市东城区青年湖南街 13 号　邮政编码 100011）
印　　装：北京东方宝隆印刷有限公司
889mm×1194mm　1/16　印张 5　字数 100 千字　2017 年 7 月北京第 1 版第 1 次印刷

购书咨询：010-64518888（传真：010-64519686）　售后服务：010-64518899
网　　址：http://www.cip.com.cn
凡购买本书，如有缺损质量问题，本社销售中心负责调换。

定　　价：49.80 元　　　　　　　　　　　　　　　　　　版权所有　违者必究